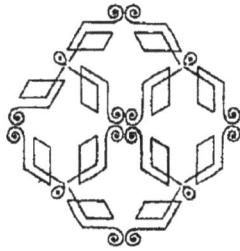

CANAL EUROPÉEN

PARIS PORT DE MER

CANAL EUROPÉEN

PARIS PORT DE MER

OU

PROLONGEMENT EN FRANCE DU CANAL DE SUEZ

PAR MARSEILLE, LYON

CHALON-SUR-SAONE, PARIS, AMIENS & DUNKERQUE

PAR

F. DE CROŸ

———◆◆◆◆◆———

PARIS

. IMPRIMERIE BALITOUT, QUESTROY ET C°

7, RUE BAILLIF ET RUE DE VALOIS, 18

—

1879

CANAL EUROPÉEN

PARIS PORT DE MER

> « Ami lecteur, tu recevras ce mien petit
> labeur, et suppléeras (s'il te plaist) aux fautes
> qui s'y pourroient rencontrer ; et le recevant
> d'aussi bon cœur que je te le présente, tu
> me donneras courage à l'advenir de n'estre
> chiche de ce que j'aurai plus exquis rap-
> porté du temps et de l'occasion : servant à
> la France suivant mon désir. Adieu. »
>
> (VILLAMONT, *Voyage à Jérusalem en* 1588.)

On lit, dans l'ouvrage publié par Ernest Déplaces sur le
canal de Suez, que ce fut pendant un voyage que M. Ferdinand
de Lesseps fit avec le vice-roi dans le désert Libyque, en se
rendant au Caire, qu'il fut pour la première fois question entre
eux du percement de l'isthme de Suez. Mohammed-Saïd était
pénétré des résultats grandioses de l'entreprise, et il demanda
à M. Ferdinand de Lesseps un Mémoire à ce sujet.

Le canal de Suez, immensément utile au commerce du
monde, devait l'être bien davantage au pays qui le ferait exécuter sur son sol, et le vice-roi, en consultant sa gloire per-
sonnelle et les intérêts de la civilisation, consultait bien mieux
les intérêts du peuple dont Dieu venait de lui remettre les
destinées entre les mains. Il suffit, en effet, d'une intention
pareille pour immortaliser le nom d'un monarque, et celle-ci
eût fait le plus grand honneur au chef de la nation la plus
puissante et la plus avancée parmi les nations chrétiennes de
l'Europe.

On connaît le résultat obtenu, et grâce à la publication du journal (*l'Isthme de Suez*) rédigé avec le talent qui distingue les écrivains de la presse française, on a pu en quelque sorte suivre jour par jour le détail et le progrès d'une entreprise remise en d'habiles mains, et qui se trouve en ce moment en pleine voie d'exécution.

Un pareil succès est digne de remarque; mais, chose singulière et difficile à expliquer, c'est que, parmi tant de personnes intéressées au prompt achèvement du canal de Suez, aucune ne se soit occupée de son complément indispensable, ou, si on l'aime mieux, de son prolongement du midi au nord de la France, de Marseille à Dunkerque.

Il suffit de jeter les yeux sur une carte de la Méditerranée pour comprendre à l'instant que la création du canal Lesseps, supprimant dans l'avenir le contour de l'Afrique et abrégeant de trois mille lieues les retours de l'Inde en Europe, va forcément amener dans cette mer des milliers de vaisseaux, et couvrir ce lac central d'une quantité de navires décidément innombrable. Ce nouvel état de choses explique naturellement la nécessité du *Canal Européen*, qui, par son tracé et sa position topographique, éviterait au commerce le périmètre de l'Espagne, et assurerait en même temps aux arrivages des Indes une voie sûre et rapide pour passer dans les mers du Nord.

On remarquera dès lors les avantages d'un tracé qui, faisant aboutir sur cette mer une des ouvertures de la voie nouvelle, contribuerait pour béaucoup à son succès, en lui ralliant les sympathies de ces mêmes États du Nord aujourd'hui les plus commerçants de l'Europe. Pour s'en convaincre, on peut consulter la statistique commerciale; elle fait foi que sur cent navires descendant ensemble le canal de Suez et arrivant dans la Méditerranée des atterrages du Japon, de la Chine, de l'Inde, des Moluques ou de l'Océanie, soixante-quinze appartiennent à cette région. Vaisseaux russes, suédois, danois, norvégiens, allemands, anséatiques, hollandais, écossais ou anglais, tous prendraient le canal. Penser le contraire, ce serait bien peu connaître l'habileté consommée des capitaines et armateurs de ces différentes nations; car pour eux diriger leurs vaisseaux par la nouvelle traversée de France, *ce serait abréger le parcours de sept cent lieues*, et les ramener au point d'armement par une voie aussi directe que possible. On peut donc conclure, par ce qui précède, que la voie nouvelle deviendrait la grande route commerciale de l'Europe, si la France jugeait convenable de l'établir.

Ce *Canal Européen*, calqué presque exactement sur celui de Suez, dont il ne serait en quelque sorte que le prolongement, aurait neuf mètres de profondeur sur quatre-vingts de large, et, partant de Marseille, il aboutirait à Dunkerque, traversant la France dans toute son étendue. Par les Etangs de Berre, Port-de-Bouc, Arles, Avignon, Valence, Lyon. Châlon (sur Saône), Paris et Amiens, il ferait immédiatement de ces villes des places maritimes capables d'abriter dans leurs ports ou bassins, non-seulement des bâtiments marchands de trois mille tonneaux, mais des vaisseaux de ligne de première classe.

Au premier abord, l'idée d'appeler l'attention de la France sur un projet aussi grandiose peut paraître singulière ! Elle est cependant sérieuse, et de plus très-exécutable.

Dans le projet dont il est ici question, deux objections se présentent : premièrement, son résultat comme opération financière ; secondement, sa possibilité considérée sous le point de vue de l'art.

I

1° Si on veut bien admettre qu'un homme s'est rencontré, ayant nom Ferdinand de Lesseps, lequel, fort seulement de la foi que donne une idée vraiment utile, a pu faire comprendre à l'Europe la nécessité du canal de Suez, constituer une compagnie, réunir deux cent millions pour creuser dans les sables du désert un canal de vingt-cinq lieues ! il doit être permis de penser qu'une compagnie s'organisant sur le même mode, trouverait facilement les fonds nécessaires pour continuer l'œuvre sur le sol de la France, au milieu d'une population de quarante millions d'habitants, relativement les plus actifs et les plus riches de l'Europe.

Il n'y aurait rien d'impossible à voir les sommités financières accueillir avec intérêt la solution du problème tant cherché (Paris port de mer). Genève comme Bâle, Vienne aussi bien que Hambourg, Amsterdam, Paris et Londres, sont des cités au génie hardi, mais calculateur. On y apprécie rapidement une opération qui peut devenir lucrative, et celle-ci pourrait être placée dans cette catégorie.

En effet, si on veut bien réfléchir à la puissance du crédit moderne et au résultat qu'on a su en obtenir, on peut être persuadé que, dans une entreprise comme celle-ci, la question n'est pas de savoir si le capital engagé sera plus ou moins considérable, mais si ce placement serait avantageux. Sans doute et à première vue, les dimensions du canal projeté, sa profondeur, sa largeur, mais surtout la longueur de son parcours, pourraient inspirer des doutes sur ses avantages financièrement parlant ; mais en observant que l'œuvre est avant tout commerciale et industrielle, il en résulte que ce sont précisément ces trois prétendus défauts qui devraient assurer sa fortune.

Très-certainement l'idée d'opérer à travers la France la jonction de la Méditerranée à la mer du Nord, par une voie navigable ayant les dimensions des canaux actuels, savoir : trois pieds de profondeur sur vingt-cinq de large, serait une naïveté ; mais si, au lieu d'une aussi pauvre conception, vous donnez au *Canal Européen* les dimensions de celui de Suez, alors l'affaire prend subitement un tout autre aspect, et les bénéfices peuvent s'élever en raison des débours, quelque grands qu'ils puissent être.

Cette opinion est basée sur ce fait que le commerce, aussi bien que les établissements industriels, se préoccuperaient fort médiocrement de la fondation d'un nouveau canal à largeur et profondeur restreintes, tandis qu'ils viendraient avec empressement se fixer et s'établir sur les bords d'une voie ayant les dimensions indiquées ci-dessus. Il doit en être ainsi, parce que les bâtiments de commerce de quinze cents, deux mille et trois mille tonneaux, s'amarrant bord à bord aux quais, aux magasins et presque dans les cours des usines, apporteraient dans les transactions une facilité, une économie notables, délivreraient le commerce des formalités dispendieuses continues, et permettraient au négociant d'échanger en son temps, sans frais et sans intermédiaire, ses produits ouvragés contre les importations arrivant directement dans ses magasins des pays de production et des contrées les plus lointaines.

L'empressement du commerce à occuper les bords du canal une fois admis, la longueur de son parcours deviendrait une source de bénéfice, au lieu d'être un sujet de perte, en offrant à chaque industrie l'espace nécessaire pour s'établir sur ses rives d'une manière aussi large qu'avantageuse.

Ici se présente, au point de vue financier, la question vitale de l'entreprise. Si la compagnie chargée de son exécution, tenant en main la loi d'expropriation, n'acquérait que l'espace strictement nécessaire au percement du canal, le résultat serait peu avantageux; mais si, au contraire, elle était autorisée à étendre la mesure aux propriétés riveraines, et cela dans un certain rayon, les bénéfices réalisés sur les cessions de terrains acquis dans les conditions habituelles seraient considérables. L'importance que prendrait un établissement industriel situé sur le canal étant vite appréciée, la concurrence porterait ces terrains à un taux si élevé que l'excédant devrait suffire à couvrir les frais de l'entreprise. En opérant de la sorte, les droits perçus sur la navigation resteraient intacts et serviraient l'intérêt du capital émis. Or ceci n'est pas sans importance, si l'on considère que la compagnie de Suez évalue à près de dix pour cent les mêmes droits de navigation à percevoir sur le canal Lesseps.

On remarquera que, tout en admettant que l'entreprise pût devenir lucrative, on pourrait craindre que son exécution ne présentât des difficultés, en ce sens que le capital qu'on serait obligé d'engager ne devînt trop considérable. Semblable objection n'a rien de sérieux au point de vue de la richesse de la France actuelle. Une des publications les plus recommandables de notre temps, *la Revue Britannique,* contenait dans un de ses derniers numéros un article fort bien fait sur les travaux d'embellissement exécutés depuis vingt ans à Paris par l'Etat ou les particuliers, et l'auteur les évaluait à plus de 7 milliards. En vingt-cinq ans, l'Angleterre en a dépensé 10 pour établir ses quatre mille lieues ferrées (cent vingt mille employés sont attachés à leur exploitation, qui donne 700 millions, dont il faut défalquer 300 pour frais, reste 4 pour 100). La France, entrée plus tard dans la carrière, n'a mis que 8 milliards dans les siens, qui cependant lui rendent 500 millions : ce placement est élevé! Mais l'honneur d'un résultat aussi exceptionnel appartient tout entier au génie organisateur et à l'incontestable supériorité des directeurs généraux, chefs d'exploitation, inspecteurs principaux, ingénieurs, inspecteurs particuliers et autres, qui régissent et administrent les Compagnies françaises.

Il est donc facile de voir, par ces deux exemples, que si la France et l'Angleterre, son alliée, ont pu, en moins de vingt ans, placer 25 milliards en entreprises industrielles, il serait aussi singulier de s'apitoyer sur leur indigence, que d'admettre l'impossibilité où elles se trouveraient de subvenir aux frais du canal projeté.

Sans aucun doute, l'espoir (réalisé du reste) de pouvoir obtenir de ses capitaux un intérêt élevé, a été pour beaucoup dans leur apport à ces entreprises, tandis que les bénéfices réalisables dans l'établissement de la voie européenne peuvent paraître moins certains. Ici la question est pendante, mais non résolue : elle tombe de droit dans le domaine des hommes spéciaux, et, jusqu'à preuve contraire, il doit être permis de penser que l'établissement du *Canal Européen,* considéré uniquement comme opération financière, peut donner de très-sortables bénéfices; car, en résumé, tout se réduit à ce simple fait : supposant que le Canal dont il est ainsi question coûtât

1,200 millions à établir, donnerait-il un revenu annuel de 60 millions? L'étude de cette question n'est pas sans intérêt, et il est présumable que, si nos capacités financières l'examinaient sous toutes ses faces, ils la résoudraient d'une manière affirmative.

II

2° Il faut passer maintenant à la seconde proposition, et considérer l'entreprise dans sa possibilité comme œuvre d'art. Supposez la réunion sur un point donné (le Palais du Trocadéro, par exemple) de tous les ingénieurs de France. Faites appel aux lumières et à l'expérience de ces hommes spéciaux dont le profond savoir égale la modestie, et demandez-leur s'ils admettraient la possibilité de régulariser et de détourner une partie du Rhône destinée à remplir le canal et que la voie nouvelle conduirait à Dunkerque; demandez-leur s'ils se chargeraient de la canalisation complète de la Loire de Saint-Nazaire à Nevers, aux dimensions de Suez, prenant pour plafond le milieu même du fleuve, afin de souder à Châlon-sur-Saône ces deux magnifiques artères! Tous vous répondraient affirmativement, et plusieurs s'offriraient avec empressement, désireux de placer leurs noms entre ceux des Riquet et des Lesseps, et de montrer à la France, par l'achèvement d'une œuvre aussi remarquable, la glorification de la science moderne. A l'instar de leurs collègues américains, éloignant une phraséologie inutile, ils vous diraient simplement : Nous tenons le travail pour exécutable et avons triomphé de difficultés plus sérieuses, seulement mettez à notre disposition des moyens en rapport avec la grandeur de l'entreprise et le but qu'il faut atteindre.

Ces moyens sont de deux sortes. Le premier, tout financier,

regarderait la Compagnie. Quant au second, il consisterait à solliciter, pour une œuvre aussi nationale, la coopération de l'armée, en lui adjoignant des ouvriers civils, ainsi que cela a eu lieu pour les travaux des fortifications de Paris. Vous obtiendriez alors un résultat identique, c'est-à-dire parfait comme rapidité, élégance, solidité, ordre et économie. Il pourrait se faire cependant que l'entreprise n'étant pas exclusivement militaire, l'armée préférât s'en abstenir. Mais, le cas échéant, les bras ne vous feraient faute, car vous y emploieriez ces milliers de respectables ouvriers qui, à l'heure présente, vous demandent avec instance de l'ouvrage et du pain.

Le parcours à établir serait de trois cent six lieues, savoir : cent soixante-six de Marseille à Dunkerque et cent quarante de Saint-Nazaire à Châlon-sur-Saône. Cette entreprise toute industrielle ne coûterait pas une obole à l'État, n'augmenterait en rien l'impôt ou la dette publique, doublerait l'activité et la richesse commerciale de la France, couvrirait d'honneur les ingénieurs, les capitalistes chargés de son exécution, et assurerait pendant plusieurs années un travail continu à une armée entière d'entrepreneurs et d'ouvriers.

Il faudrait se reporter aux miracles enfantés par l'activité américaine (avant la guerre) pour apprécier convenablement la prospérité à laquelle pourraient atteindre les villes et les provinces riveraines du Canal. Cette faveur de la fortune serait d'autant plus équitable que l'ensablement progressif de tous les atterrages de France, par suite des courants venant de la haute mer, obstrue de plus en plus les ports actuels, en sorte que le pays se trouve placé dans l'obligation rigoureuse d'en fonder de nouveaux. Ceci est tellement vrai qu'on ne trouve plus sur tout le littoral que deux ports de commerce en pleine activité, savoir : Marseille et le Havre ; encore est-il bon de remarquer que les navires de quinze cents tonneaux et au-dessous n'abordent que difficilement à ces deux métropoles du commerce français.

Il n'en serait point ainsi des cités du Canal situées au cœur même du pays, ayant tous les produits sous la main et devenues ports de première classe. Délivrées des marées montantes, possédant un étiage constant de trente pieds, elles pourraient abriter dans leurs docks les bâtiments du plus fort tonnage. Le *Great-Eastern* lui-même, ce roi de toutes les mers, navire qui jauge vingt-deux mille cinq cents tonnes, embarque huit mille passagers et quatre cents hommes d'équipage, ne ferait point exception, car il pourrait effectuer par la voie nouvelle ses retours du Pacifique en Angleterre (ne calant tout armé que vingt-huit pieds sous flottaison).

On peut voir, par la nomenclature des villes situées sur le Canal ou dans le Port national, que l'augmentation d'activité commerciale et industrielle qu'elles devraient au nouveau tracé s'étendrait en quelque sorte sur la France entière.

Voici leurs noms :

Canal Européen.

Marseille, Bouc, Arles, Tarascon, Avignon, Montélimart, Valence, Tain, Saint-Vallier, Vienne, Lyon, Trévoux, Ville-franche, Mâcon, Châlon-sur-Saône, Avallon, Auxerre, Melun, Paris, Clermont, Amiens, Doullens, Saint-Pol, Saint-Omer et Dunkerque.

Port national.

Saint-Nazaire, Paimbeuf, Nantes, Ancenis, Saint-Florent, Saumur, Langeais, Tours, Blois, Beaugency, Orléans, Gien, Cosne, La Charité, Nevers et Châlon-sur-Saône, point de jonction et soudure des deux voies.

La nécessité de canaliser la Loire sur une large base, en prenant pour plafond le lit même du fleuve, devient urgente aujourd'hui, non-seulement pour assurer, par ce moyen, la fortune commerciale de toutes les villes situées sur ses bords, mais aussi pour y placer les arsenaux et établissements militaires de la marine, afin de les sauvegarder par là des atteintes du tir moderne.

La France, depuis deux siècles, a acquis, dans ses constructions navales, une juste célébrité ; on admire la bravoure de ses équipages, l'habileté de ses officiers. Cependant, à part quelques brillantes actions particulières, le résultat de ses guerres maritimes sous Louis XIV, Louis XV, Louis XVI, la première République et l'Empire, a toujours été malheureux ou tout au moins indécis.

Une fatalité aussi constante ne peut s'expliquer que par la distance profonde qui sépare et isole entre eux ses ports d'armement : là doit se rencontrer la cause principale et inexpliquée des défaites successives de la marine française.

Vous la trouverez dans les sept cents lieues de parcours que la flotte de la Méditerranée n'a jamais pu franchir assez rapidement pour rallier à temps celle de l'Océan, et présenter à l'ennemi l'armée navale complète, au lieu de la lui livrer fractionnée.

L'histoire de la marine confirme, en effet, que, lorsque les divisions de Brest se battaient bravement sous voile, celles de Toulon étaient à l'ancre ; par contre, quand l'incendie ou le combat anéantissaient celles de la Méditerranée, les divisions de l'Atlantique, bloquées isolément dans chacun des ports militaires, s'éteignaient lentement dans une inaction forcée aussi triste pour ses équipages que fatale au pays.

Maintenir un pareil état de choses, c'est en quelque sorte braver l'avenir; car il est fort à craindre que les mêmes causes ne produisent les mêmes effets. Mais si, conservant vos ports actuels comme ports de refuge, vous centralisez dans la Loire, devenue Port national, tous les arsenaux et forces navales de la France, vous devriez, dans un temps donné, indubitablement obtenir l'empire des mers. En voici la raison.

La jonction ou soudure du Port national ou Canal Européen vous assurant trois dardanelles ou points d'attaque, savoir : le premier à Dunkerque, sur la mer du Nord ; le second à Saint-Nazaire, sur l'Océan, et le troisième à la Joliette, sur la Méditerranée, vous pouvez à votre choix réunir et masser vos forces entières pour joindre un ennemi forcément divisé et toujours en suspens par l'ignorance où vous le laissez de ce même point d'attaque.

Les avantages attachés à une pareille position stratégique

sont sérieux, en ce sens que toutes les chances qui, depuis deux siècles, n'ont cessé d'être contre vous, tourneraient immédiatement contre lui, en vous laissant la faculté d'agir avec une liberté d'action et une efficacité telles que le sort de la campagne et la destruction de la flotte ennemie pourraient se décider en peu de jours.

Si la création du Port national dont il est ici question avait pour résultat de replacer entre les mains de la France la suprématie maritime, quel plus bel avenir oserait-on espérer pour elle? Pour bien comprendre l'importance attachée à l'empire des mers, il est bon de se rappeler ce qu'étaient les Vénitiens avant Gama, les Turcs avant Lépante, la richesse de l'Espagne avant l'Armada, les Hollandais sous les Tromps, les Ruyter, et la puissance française avant la défaite de la Hougue.

Le trident de Neptune est aujourd'hui au pouvoir des Anglais, ils en comprennent l'importance et s'imposeront pour le conserver les plus grands sacrifices ; ils viennent de construire en cinq ans quarante vaisseaux de ligne (nouveau modèle vapeur à hélice), et l'Amirauté n'a pas craint, dans le même espace de temps, de porter à 600 millions la dépense de ses arsenaux. Pareille somme n'est pas sans importance ; mais comme son but avoué tend à donner à nos alliés l'empire absolu de l'Océan, c'est, au point de vue anglais, de l'argent parfaitement placé et dont nul, dans ce pays, ne songera à blâmer l'emploi.

La canalisation complète de la Loire serait une œuvre d'autant plus remarquable que ce beau fleuve, présentant alors une largeur et une profondeur suffisantes pour abriter toutes les flottes du pays, ne ferait dans toute son étendue, de Nevers à l'Océan, qu'un vaste et unique port ; son encaissement préserverait ses rives de débordements toujours désastreux et qui coûtent à l'agriculture française 300 millions tous les vingt ans. Enfin, en espaçant sur ses bords les cales, arsenaux et fonderies de la marine militaire, ainsi que cela a déjà eu lieu pour l'Indret, on obtiendrait pour ses établissements une sécurité devenue indispensable, et, pour l'avitaillement et l'armement des forces navales, une facilité extrême.

On doit aussi tenir compte, au point de vue hygiéniqu de la flotte, de l'avantage qu'il y aurait pour ses escadres, à leur retour des mers tropicales, à échanger le ciel nébuleux de l'Armorique ou les plages assez peu saines de Rochefort, contre ces bords de la Loire, chantés par les poètes, et aussi célèbres par le charme du paysage, la douceur de la température que par l'aménité de ses habitants.

En songeant de quel poids ont pesé sur les destinées de la France les journées de La Hougue et de Trafalgar, on comprendra l'intérêt qu'elle doit apporter à la conservation de ses arsenaux. On estime à 1,500 millions le matériel naval que le pays possède aujourd'hui ; et cette valeur est de la plus haute importance, non-seulement à cause de son élévation, mais surtout pour les sérieuses difficultés que présenterait son renouvellement.

Au siècle dernier, quand l'ennemi, après l'incendie des chantiers de Toulon, capturait dans le port même de cette ville dix-huit vaisseaux de ligne et illuminait son embarquement en en brûlant vingt et un ; c'était, il est vrai, aux dissensions civiles qu'il devait ce facile triomphe ; cependant cette cause n'existait plus lorsque, voulant, quelques années après, compléter son œuvre de destruction, il réduisait en cendres la flotte de l'Océan, dans la rade et sous les batteries de Rochefort.

En présence de ces faits, ne doit-on pas craindre qu'en laissant les vaisseaux et les chantiers dans des ports qui n'ont pu les défendre au temps où les portées étaient de quinze cents toises ils ne courussent de sérieux dangers à une époque où la perfection apportée dans le tir lui fait atteindre à neuf et dix kilomètres? Il serait donc prudent de placer au milieu même du pays et sur les bords d'un fleuve central les établissements de la marine, et d'imiter pour ses arsenaux la sage mesure qui a fait centraliser à Bourges ceux de l'artillerie de terre.

Les fortifications, système bastionné, qui entourent les ports militaires, inventées et perfectionnées par Vauban, il y a un siècle et demi, lors de la suprématie du mousqueton et de l'espingole, seraient insuffisantes aujourd'hui pour les protéger et les défendre. Les nouvelles bouches à feu lançant des projectiles incendiaires à des distances énormes, atteindraient de préférence des magasins remplis de matières combustibles aussi facilement inflammables que le sont les bois, chanvres, goudrons et autres. On peut, en outre, être persuadé que les chantiers ou vaisseaux en carène, forcément voisins de la mer, courraient un péril au moins égal par la surface considérable qu'ils offriraient comme un but certain au canon d'un vaisseau de guerre, tandis que ce même bâtiment entièrement cuirassé serait à peine visible à cinq ou six kilomètres au large.

Pendant la guerre de Russie, un ingénieur, M. Mallet, proposa à lord Palmerston de construire un mortier en fer forgé du diamètre de trois pieds, et dont les parties séparées permettaient un transport aussi facile que celui d'un mortier ordinaire. Une invention aussi formidable paraissait dépasser toute limite ; cependant, M. Mallet l'ayant conduite à bonne fin, l'ordre d'essai fut donné. Sur sept bombes tirées à diverses portées, et dont chacune pesait deux mille cinq cent quarante-huit livres, une d'elles atteignit, avec une charge de soixante-dix livres de poudre, à trois kilomètres un quart.

En supposant à un ennemi, maître de la mer, l'intention d'attaquer un des ports militaires (Cherbourg, par exemple), pense-t-on qu'ayant à sa disposition des moyens aussi redoutables, il ne ferait pas subir à cette ville une destruction presque complète ?

Les batteries de l'île Pelée, celles des forts comme celles de la côte, la flottille des chaloupes canonnières, l'escadre, même une armée de secours, tous ces moyens réunis et habilement dirigés égaliseraient sans doute les forces, mais ôteraient-ils à l'attaquant toute chance de succès !... Cela serait extrêmement désirable ; mais comme l'avenir seul décidera la question, mieux vaudrait se garantir à l'avance.

En résumé, la sécurité dont jouiraient les arsenaux si on les plaçait sur la Loire serait d'autant plus complète qu'on ne peut ni prendre ni attaquer un port situé au milieu même du

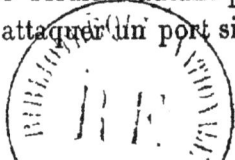

2

pays, qui, de Nevers à l'Océan, pourrait se faire défendre par douze mille bouches à feu, et au besoin par l'armée et la France entière accourues et campées sur ses bords.

III

Il y aurait une grande illusion à penser que les difficultés à vaincre comme œuvre d'art, dans le projet indiqué dans cette notice, seraient d'autant plus graves qu'elles n'auraient jamais eu d'antécédents. Il est facile de prouver le contraire par des exemples pris en France aussi bien que chez les nations étrangères.

France.—Lorsque Riquet, par son génie seul, sut, en plein seizième siècle, traverser les rochers de la Gascogne et les montagnes du Languedoc par un canal de soixante lieues, il fit la fortune du Midi et assura à ses illustres descendants, les princes de Chimay-Caraman, la position la plus honorable. Or, est-il présumable que, pour accomplir une œuvre aussi difficile, ce grand homme n'ait pas eu à vaincre de plus sérieux obstacles que ceux que présenteraient de nos jours l'établissement du Canal Européen et celui du Port national?

. Il est vraisemblable que si un homme d'une distinction spéciale (quel qu'il fût) prenait en main cette idée, il éprouverait moins d'empêchements pour parfaire dans la France d'aujourd'hui une canalisation de trois cents lieues, que l'immortel Riquet n'a dû en surmonter pour creuser, il y a deux siècles, une voie navigable qui en avait soixante.

Son indomptable volonté dut suppléer à tout, car il manquait absolument, pour l'achèvement d'une pareille entreprise, des trois éléments qui sont à la disposition de ses suc-

cesseurs, savoir : le crédit, la vapeur et l'École polytechnique.
Sachant user hardiment de ces trois magnifiques moyens,
l'accomplissement de l'œuvre serait aussi assurée que parfaite ; car sur la terre de France les travaux d'art qui n'ont
point fait reculer les pères effrayeraient peu leurs enfants.

Hollande. — En parcourant la Hollande dans la saison fa-
vorable, on demeure frappé d'admiration en présence de la
richesse et de la prospérité de ce beau pays ; et quand on
songe à ce qu'était la Batavie d'autrefois, on demeure persuadé que c'est aux cinq cent quatre-vingt-sept lieues de voies
navigables exécutées sur son sol qu'elle doit l'avantage d'être
aujourd'hui une des nations les plus heureuses et les plus
respectées de l'Europe.

Ceci explique l'extrême intérêt qu'excitait dernièrement
dans ce pays le prompt achèvement du canal du Texel, qui,
profond de neuf mètres et large de quarante, traverse le Nord-
Holland sur une longueur de vingt-six lieues et peut conduire
les bâtiments de guerre de l'Océan dans le port d'Amsterdam.
Cette voie, dont la destination exclusivement commerciale
était de faciliter aux navires de commerce du plus fort tonnage les abords de l'ancienne capitale de la Hollande, a parfaitement rempli son but, et demeure, par le fini et la perfection de son exécution, un travail d'autant plus glorieux qu'il
restera classé dans son genre comme un des plus beaux de
l'Europe.

Suède. — Si on quitte la Hollande pour remonter plus au
Nord, on peut se convaincre qu'en fait de canalisation cette
partie de l'Europe n'est pas restée stationnaire. On lit dans un
voyage entrepris récemment par un écrivain fort distingué,
M. de Perthes (d'Abbeville), que, se trouvant à Gothembourg,
en Norwége, et voulant reprendre la mer pour atteindre la
Suède, on l'informa que cela était devenu inutile, grâce au
miracle accompli par la science des ingénieurs suédois, et
que le canal de Gothic transporterait son navire par dessus
les Alpes suédoises, de la mer du Nord dans la Baltique.

Voici ce que dit l'auteur :

« La navigation que nous allions faire est la plus étrange du monde. Le canal de Gothie ne ressemble à aucun autre. Ce sont des canaux qui relient entre eux les lacs internes et superposés de la Suède, de la mer du Nord à la Baltique. Ce résultat a lieu à l'aide de travaux gigantesques, au nombre desquels il faut compter soixante-seize écluses qui enlèvent les navires avec tout leur chargement, en sorte que l'on passe incessamment de la mer dans un lac, de celui-ci dans un autre canal, puis dans un autre lac, et toujours ainsi de Gothembourg à Stockholm, c'est-à-dire pendant quatre jours et quatre nuits de vapeur.

» Cette ligne interne de navigation de la Suède se nomme le canal de Gothie, et a été terminée seulement en 1852. Plusieurs ingénieurs y ont concouru, entre autre le colonel Ericson, frère de celui qui s'est fait connaître aux États-Unis par une hélice autre que l'hélice Sauvage, et qui ne la vaut pas.

» Nous franchîmes une écluse ; c'est la première, il en reste donc soixante-quinze. Malgré la perfection des travaux et la simplicité savante du mécanisme, que deux personnes peuvent faire agir, cette manœuvre demande un certain temps. Je n'en étais pas fâché, je pouvais examiner le pays. La chute qui résulte ici du barrage est d'un agréable effet. Elle fait contraste avec la solidité des constructions en granit qui soutiennent les écluses et les radiers du canal. A midi nous arrivons à Krœsberg-Stasser : nous sommes ici au pied de la première écluse, des onze que nous avons à monter et qui forment une élévation de cent sept pieds. Ces onze écluses, nous les avons devant nous, présentant entre les rochers un escalier colossal et d'une pente si rapide qu'on la croirait perpendiculaire. La cime de la montagne est couverte d'une forêt de sapins, parmi lesquels on découvre la tête des mâts des navires déjà montés ou qui s'apprêtent à descendre. Je n'ai jamais vu un spectacle plus étrange, on croit rêver et on a peine à se persuader que ce même vapeur où vous êtes, de plusieurs centaines de tonneaux, avec sa machine, son gréement, son chargement, son équipage, ses passagers, sera, lui aussi, en moins de deux heures, parvenu au sommet de la montagne, vrai miracle de l'industrie humaine.

» Déjà le mouvement ascendant commence. Deux hommes suffisent pour mettre les vannes en mouvement, les ouvrir, les fermer, et produire, d'écluses en écluses, de belles cascades contenues par des berges en granit qui survivront aux siècles, et dont le plan et l'exécution font le plus grand honneur aux ingénieurs suédois.

» Nous avions remarqué qu'avant de dépasser la première écluse, notre vapeur s'était rangé de côté : nous comprîmes bientôt la cause de cette manœuvre. En ce moment descendait un grand train de bois et un grand navire que nous vîmes passer, d'une écluse à l'autre, avec la même facilité que s'il se fût agi d'une coquille de noix. L'eau, qui se précipitait avec un bruit terrible formait une double chute si puissante que cela avait quelque chose d'effrayant; mais l'ordre est si parfait qu'aucun accident n'est à craindre, l'administration de ce canal étant non moins admirable que le canal lui-même... »

La distance de cent quarante lieues qui sépare Gothembourg de Stockholm, l'auteur a pu la franchir par la voie de Gothie sans quitter son vaisseau et par une route qui a fait passer ce même navire à travers les montagnes qui séparent la Norwége de la Suède, l'enlevant, en un mot, de la mer du Nord, pour le descendre dans la Baltique. En présence d'un pareil résultat, on est obligé de se ranger de l'avis du savant voyageur, et convenir qu'en fait de difficultés vaincues dans une œuvre d'art, ce travail constatera le degré de gloire auquel a pu atteindre le génie de la nation suédoise.

Angleterre. — En considérant la position exclusivement maritime de l'Angleterre, la situation, la beauté de ses rades, le nombre et la profondeur de ses ports, mais surtout la facilité que donne à la navigation le cours si paisible de ses rivières, il était difficile de prévoir qu'elle sillonnerait un jour son territoire par six cents lieues de canalisation.

Ce fut Frudelay et Secaton qui les premiers donnèrent l'impulsion. Ayant remarqué que les seuls moyens usités à leur époque pour les transports à l'intérieur étaient les chariots et les bêtes de somme, ils eurent l'idée d'organiser et d'étendre sur tout le pays le système des canaux à bon marché. L'essai réussit au-delà de toute espérance, et donna immédiatement au trafic et à la spéculation un développement si considérable qu'on doit penser que les nombreuses voies canalisées qui rayonnent aujourd'hui sur toute l'Angleterre ont contribué pour une bien large part à sa fortune présente.

Pour établir de système qui, comme œuvre d'art, est aussi complet que possible, il a fallu vaincre de sérieux obstacles (principalement dans l'Est), dus à la nature marécageuse du sol et à son peu de consistance. Non-seulement la ténacité anglaise les a tous surmontés, mais elle a voulu compléter ce magnifique travail par l'achèvement du canal Calédonien, creusé dans les montagnes, et qui, profond de six mètres et large de dix-sept, transporte à travers les comtés du nord les navires du commerce des mers écossaises dans celles de l'Irlande.

Par son tracé dans les rochers de granit, cette œuvre a exigé une science et une opiniâtreté peu communes. Toutefois, la compagnie chargée de cette entreprise n'a pas eu à regretter sa constance, puisque cette belle voie rend à ses actionnaires le 7 1/2 p. 100 du capital émis.

Chine. — On sait que les Anglais sont peu admirateurs de tout ce qu'on exécute en fait de travaux d'art en dehors de leur patrie. Voici cependant ce que disait un de leurs compatriotes, lord Macartey, en présence de la Voie Impériale : « Maintenant, s'écriait-il, je mourrai heureux, car j'ai pu voir, toucher et naviguer sur le grand Canal, le plus bel ouvrage sorti de la main des hommes! » Et il avait raison, puisque cette magnifique route maritime, longue de cinq cents lieues, traverse du nord au midi tout le Céleste-Empire. Voici ce qu'en disait un Français qui le remontait il y a qutre ans, et qui vient de publier son voyage :

» A deux époques différentes, les Chinois ont entrepris des travaux gigantesques et d'une extrême difficulté pour changer complétement le lit du fleuve Jaune et l'utiliser pour le Canal Impérial. Cette voie, longue de cinq cents lieues, est magnifique. La ville de Ou-Tchang m'était connue : j'avais eu occasion de visiter cette grande ville, une des plus commerçantes de la Chine à cause de sa situation au centre de l'empire, sur les bords de la Voie Impériale, qui la met en rapport avec toutes les provinces. Une autre ville appelée Han-Reou (c'est-à-dire Bouche du Commerce) en est encore plus rapprochée. Ces deux villes, situées en vue l'une de l'autre et séparées seulement par le canal, sont en quelque sorte le cœur qui communique à la Chine entière sa prodigieuse activité commerciale. On compte à peu près huit millions d'habitants dans ces deux villes, qui, pour ainsi dire, n'en font qu'une seule, tant elles sont étroitement unies entre elles par un va-et-vient perpétuel d'une multitude innombrable de navires.

» C'est là qu'il faut aller pour avoir une idée du commerce intérieur que la Chine doit à cette magnifique voie de navigation. Ce port de Han-Keou est bien littéralement une immense forêt de mâts de navires. On est surtout saisi d'étonaement en voyant, au milieu de la Chine, à trois cents lieues de la mer, des navires qui en arrivent en si grand nombre et d'une si grande dimension.

» Le Canal Impérial est en quelque sorte la grande artère des dix-huit provinces. C'est par lui, en effet, qu'arrivent et que partent les marchandises qui alimentent tout le commerce intérieur d'une nation de trois cents millions d'hommes. Une infinité de rivières viennent le rejoindre et activent les transactions dans toutes les provinces du midi. Dans le nord, les communications naturelles sont moins faciles ; mais de gigantesques et ingénieux travaux sont venus y suppléer : je veux parler de ces nombreux canaux artificiels dont le nord de la Chine est entrecoupé, et qui, par de merveilleuses et savantes combinaisons, font correspondre entre eux tous les lacs et tous les fleuves navigables de l'empire, en sorte qu'il serait facile à quelqu'un de voyager dans toutes les provinces sans jamais descendre à terre.

» On voit dans les annales de la Chine, qu'à toutes les époques, chaque dynastie s'est occupée avec le plus grand soin de la canalisation de l'empire ; mais rien n'est comparable à ce qui fut exécuté par un homme de génie (l'empereur Yang-ti, de la dynastie des Tsin). C'est à lui que la Chine doit ce splendide travail. Cette grande entreprise exigea des travaux immenses qui furent partagés entre les soldats et le peuple des villes et des campagnes ; mais les soldats, qui avaient le travail le plus pénible, reçurent une large augmentation de paie. Cette voie de navigation est revêtue de pierres de taille dans toute sa longueur, et ses bords sont plantés en ormes ou en saules.

« Je ne pouvais me persuader que j'étais au centre de l'Empire chinois. Cette immense étendue d'eau, ces nombreux et gros navires qui remontent et descendent incessamment, tout semblait indiquer une vaste mer plutôt qu'un canal, et si l'on y joint le mouvement des jonques innombrables qui sillonnent continuellement sa surface, on demeure frappé de respect devant la plus belle voie de navigation que les hommes aient jamais pu exécuter. »

Egypte. — Antérieurement à la route maritime que le comte Ferdinand de Lesseps a fait exécuter en Égypte (œuvre parfaite, grâce à l'ampleur de ses proportions), on avait déjà opéré dans ce pays, à différentes époques, la jonction du Nil à la mer Rouge. Les Pharaons, les Romains et les califes avaient successivement atteint ce but en canalisant le désert. Tout en reconnaissant l'utilité que ces fondations ont pu avoir autrefois, elles étaient bien loin de l'utilité vitale attachée à ces milliers d'étroits canaux qui, aujourd'hui même, divisent en les fertilisant toutes les terres de la Basse-Égypte. Pour quiconque a pu voir ce pays, on ne peut qu'admirer l'énergique persistance qu'on a mis à les creuser et qu'il faut encore pour les entretenir. Mais pour bien apprécier comme œuvre d'art la splendeur des travaux exécutés pour les défendre des envahissements des sables, il faut recourir au Mémoire présenté à l'Académie par le duc Fialin de Persigny.

C'est un fait bien singulier, écrit-il, que depuis quatre

mille ans les pyramides ne comptent dans le monde que pour des tombeaux. Mais devant des tombeaux qui, suivant le calcul de la commission d'Égypte, supposent chacun presque autant de matériaux et de dépenses que la construction des plus grandes villes modernes, la raison humaine restait confondue.

Les dépouilles des rois et celles des ingénieurs qui avaient conçu et exécuté cette grande œuvre reposaient, il est vrai, à titre d'honneur, dans l'intérieur de ces monuments ; mais les pyramides n'en étaient pas moins des remparts placés aux limites des terres canalisées pour arrêter les sables. Ceci est facile à prouver :

1° Ces monuments se trouvent sur le bord du désert ;

2° L'Égypte étant placée entre deux chaînes de montagnes, les chaînes arabique et lybique, qui la séparent l'une de la mer Rouge et l'autre de l'océan des sables africains, les pyramides sont toutes, sans exception, opposées au désert lybique, évidemment le plus dangereux ;

3° Ces remparts sont construits au point où la montagne présente des solutions de continuité, c'est-à-dire à l'entrée des gorges des vallées qui débouchent transversalement sur la plaine du Nil ;

4° Les pyramides sont, par leur nombre et leur volume, proportionnées à la grandeur du péril, et, par conséquent, groupées ou isolées selon la largeur des débouchés ;

5° Dans chaque groupe, la plus grande pyramide est située au point le plus bas du site et la plus petite au point le plus élevé ;

6° Partout, enfin, où les Arabes ont dégradé ou démoli ces monuments, leur absence a immédiatement réagi sur la plaine du Nil et ensablé ses canaux.

Ce qui prouve d'une manière encore plus explicite le but

qu'avaient ces fondations, c'est qu'elles ne sont point orientées, comme on le prétendait, sur les points cardinaux, mais
exactement suivant les gorges des montagnes dont elles occupent l'entrée, de manière à se présenter de face au désert. On
conçoit facilement l'avantage de cette position ; car la réaction
d'un corps pyramidal qui reçoit de face le choc d'un courant
doit être nécessairement plus considérable que si ce corps présentait l'arête. En sorte que non-seulement les pyramides
étaient des barrages, mais elles cachaient encore un fort bon
problème de mécanique. Ce sont d'immenses surfaces présentées au vent du désert afin d'opposer au fluide atmosphérique,
dans chaque gorge de montagne dont elles occupent l'entrée,
une résistance mécanique égale à l'excès de vitesse capable
d'entraîner les sables.

Donc, ces monuments, dont on faisait uniquement des tombeaux, sont de fort beaux témoignages de la profonde science
et de la sagesse d'un grand peuple ; car ils n'étaient, en résumé, que des ouvrages d'utilité publique, ou, si on le préfère,
des remparts placés à l'entrée du désert, dans l'unique but
d'abriter et de garantir la canalisation de la Basse-Égypte
contre l'envahissement des sables de la Lybie.

Il serait facile de prolonger ces citations, mais elles suffisent
pour démontrer que, puisque les nations étrangères ont pu
(même récemment) établir chez elles des voies navigables qui,
comme œuvres d'art, présentent un travail aussi complet, la
création dans la France moderne du Port national et du Canal
Européen peut être considérée comme fort exécutable.

Il n'est pas sans importance de remarquer ici que, lorsqu'il
s'agit de la création d'une nouvelle voie maritime, la possibilité reconnue de son percement est sans doute importante, mais
il faut surtout avoir la certitude qu'il y aura toujours à l'entrée
une profondeur suffisante.

Si le pays, la presse, l'opinion accueillaient le projet, et
que, l'étude terminée, on en vînt à l'exécution, on indiquerait
un moyen fort simple à l'aide duquel on obtiendrait aux trois
Dardanelles de la France (aux marées montantes, bien entendu) une ligne d'eau de vingt-neuf à trente pieds.

Cette profondeur serait plus que suffisante, puisqu'un vaisseau de guerre de quarante bouches à feu, complétement cuirassé, en cale à peine vingt-huit sous flottaison.

C'est surtout après l'ouverture du canal de Suez qu'il est facile d'apprécier l'indispensable nécessité de mettre à exécution le projet indiqué. Toutefois, on comprend si bien dès aujourd'hui l'urgence de faire Paris port de mer que, pour atteindre ce but, on désirait ouvrir immédiatement un canal qui de la capitale aboutirait à Dieppe.

La réalisation de cette idée, fort désirable à tous égards, ne ferait qu'ajouter à l'importance que la voie nouvelle aurait pour la France entière, et spécialement pour Paris ; car il reste démontré que Paris port de mer doit être le complément forcé du Paris agrandi. En effet, le Canal Européen traversant la France entière, de Marseille à Dunkerque, reliant la Méditerranée à l'Océan, c'est-à-dire l'Europe à l'Asie, serait incessamment sillonné par des navires de tous pavillons et deviendrait la grande route du commerce de l'Occident. La conséquence de cet état de choses, c'est que Paris (à l'instar de Constantinople), devenu le point central du canal des deux mers, inoculerait à ses habitants le goût de la marine ; ils en retireraient un avantage sérieux, car une foule d'activités particulières, qui ne savent que devenir, se dirigeraient de ce côté, et la navigation, par ses armements, ses importations, ses exportations et le mouvement d'affaires que crée un grand port, ouvrirait à la population presque entière une carrière aussi honorable que lucrative.

IV

Il ne faut pas terminer cette notice sans tenir compte des trois objections que pourrait soulever l'exécution de la voie nouvelle : 1° le chômage pendant la saison des glaces ; 2° l'é-

conomie notable qu'il y aurait à agrandir le canal du Languedoc pour faire passer les vaisseaux de la Méditerranée dans
l'Océan ; 3° enfin, l'inutilité d'une canalisation aussi considérable à une époque où les voies ferrées annulent et rempla-
cent les canaux existants.

I. — Il est indubitable que, si on voulait assimiler le Canal
Européen et le Port national aux canaux actuels, il y aurait
lieu de craindre qu'un hiver rigoureux n'entravât la navigation de ces deux grandes voies ; mais si on veut bien remarquer la différence qu'il y aurait entre des canaux à eau dor-
mante, profonds de deux pieds et demi, et des fleuves comme
le Rhône et la Loire, canalisés à neuf mètres sur quatre-vingts,
alors on comprendra facilement que la profondeur, aussi bien
que la constante rapidité de ces fleuves, s'opposeraient toujours à la complète fixité des 'glaces. Quant aux glaçons sil-
lonnant leur surface, ils effraieraient aussi peu, comme obs-
tacle sérieux à la navigation, les armateurs de la Baltique et
des mers du Nord, que les équipages de la marine militaire,
croiseurs éprouvés des parages de Saint-Pierre et de Miquelon.

II. — Le projet de donner au canal du Languedoc les dimensions d'une voie maritime qui transporterait les navires
de l'État et ceux du commerce de l'Océan dans la Méditerranée pourrait paraître réalisable aux personnes étrangères à la
navigation ; mais croire qu'on déciderait un officier comman-
dant un vaisseau de guerre qui cale huit mètres cinquante
centimètres et porte mille huit cents hommes d'équipages, à
aventurer une pareille valeur au milieu des bas-fonds du golfe
de Gascogne, serait une véritable illusion. Penser que les capitaines de commerce adopteraient ce canal pour voir à sa
sortie leurs navires disparaître dans les tempêtes aussi terri-
bles que constantes qui rendent le golfe de Lyon absolument
innavigable, est chose innadmissible. Quand il s'agit de canalisation, il ne suffit pas, ainsi qu'on le disait plus haut, qu'un
tracé soit avantageux ; il faut, en outre, des entrées faciles
autant que profondes.

Le canal du Languedoc est et a toujours été ce que Riquet

voulut qu'il fût : une voie aussi utile que commode, mais exclusivement batelière. Dans tous les temps, une des prérogatives de l'homme de génie a été de ne faire en toute chose que le nécessaire ; en sorte que, si on avait proposé à Riquet de donner au canal du Midi les dimensions de celui de Suez, il eût témoigné une surprise aussi grande que celle qu'aurait éprouvée M. de Lesseps à la proposition de calquer le sien sur celui de Riquet. Il est donc permis de croire que le projet d'agrandissement du canal languedocien sera toujours irréalisable, à cause des dangers trop sérieux que présenteraient à la haute navigation les abords de cette voie.

III. — Un fait incontestable, c'est que partout les voies ferrées font concurrence à la canalisation ; mais, dans le principe, cette concurrence a été plus redoutable qu'elle ne l'est aujourd'hui, surtout pour la navigation à vapeur, qui leur tient tête avec avantage. Pour s'en convaincre, on peut examiner les services à vapeur organisés sur la Loire et la Seine, et qui luttent avec les chemins de fer de ces deux lignes.

Les compagnies de steamers de Dunkerque au Havre, du Havre à Caen, du Havre à Cherbourg, à Morlaix, à Brest et Bordeaux, même celles qui vont d'Espagne en Angleterre, de France en Espagne, à Malte, trouvent dans cette concurrence des éléments de force, au lieu d'y rencontrer des causes de ruine. La raison de ce fait très-avéré, et qui a besoin de toute sa notoriété pour détruire bien des idées préconçues, est facile à expliquer ; c'est que la voie d'eau, qu'elle soit canalisée, fluviale ou maritime, sera toujours moins chère que la voie ferrée, à quelque sacrifice de concurrence que puisse se résigner celle-ci.

Si, en admettant pour un instant l'achèvement complet de la canalisation projetée, on ouvrait ensuite la lice aux deux rivaux combattant à armes égales, on verrait bientôt l'industrie maritime des deux voies nouvelles surmonter la concurrence des chemins de fer, et sortir victorieuse d'une lutte qu'on aurait grand tort de redouter pour elles.

Écartant, du reste, la question commerciale, personne ne

contestera les services réels que, dans les guerres récentes, les voies ferrées ont rendu à l'État; mais, quelque habiles que puissent être les chefs de ces exploitations, ils savent fort bien que, pour transporter une armée outre-mer, on ne fonde pas à sa volonté des ports d'embarquement et qu'il faut forcément diriger tous les convois sur un point donné (Toulon, par exemple).

Au point de vue militaire, les conséquences d'un pareil état de choses sont fort graves, en ce sens que, pour éviter l'encombrement qu'amène naturellement, sur un espace relativement restreint, la réunion de toute une armée et de son matériel, on se trouve dans l'obligation de fractionner les départs par divisions, au lieu d'accomplir ce départ simultanément dans un appareillage général, enlevant l'armée entière. Pour comprendre combien, en pareille circonstance, le Canal Européen l'emporterait sur la voie ferrée, on peut citer à l'appui l'expédition de Crimée.

Quand la France voulut détruire l'arsenal de Sébastopol, afin de barrer aux Russes le chemin de Constantinople, et partant celui de Paris, on vit les Anglais s'associer à l'entreprise. En supposant que ces derniers, voulant justifier leur titre d'alliés, eussent consenti à vous laisser noliser chez eux, comme transports, la moitié de leur flotte marchande, soit quinze mille vaisseaux; à l'arrivée sur les côtes de France d'un pareil armement, où trouver des ports, rades, criques assez vastes pour le recevoir, et quelle est la ligne ferrée qui eût voulu entreprendre de leur amener en quelques jours, comme chargement, cent mille hommes et trente mille chevaux? Aucune. La voie nouvelle, au contraire, eût facilement amarré à ses quais ces milliers de navires et permis d'embarquer, en moins d'une semaine, l'armée complète, son matériel et son état-major. On eût vu alors quinze mille vaisseaux, portant la fortune de la France, descendre le canal, précédés et suivis de la flotte militaire qui les eût ralliés en remontant le Port national jusqu'à sa jonction au Canal Européen.

Au lieu de quinze mille mettez quinze cents, mettez cinq cents. Le résultat est analogue et vos départs restent com-

plets, au lieu d'être, avec vos voies ferrées, forcément divisionnaires. Si l'on veut se souvenir qu'une poignée de
Français jetés à la hâte sur les rivages de la Tauride a pu,
dans deux actions consécutives, repousser quatre-vingt mille
Russes défendant leur pays, il reste démontré aux yeux de
tout militaire que si, dans cette circonstance, on avait pu
débarquer simultanément soixante mille hommes au lieu de
quinze mille, ce nombre eût suffi pour anéantir l'armée ennemie, enlever la ville en peu de jours et terminer la guerre au
début.

On voit par ce seul fait (pris au hasard) qu'en additionnant
ce qu'il a fallu dépenser en hommes et en argent dans ce long
siége, l'existence des voies ferrées, loin de rendre inutiles les
voies projetées, en prouve, au contraire, l'urgence et la nécessité. Du reste, si un seul exemple ne suffisait pas, on pourrait
en citer une foule d'autres.

A l'époque de la campagne d'Égypte, les chemins de fer
n'existaient pas, cependant le pays n'en subit pas moins les
conséquences de l'encombrement. Il fallut trois ans au général
Bonaparte pour préparer l'expédition, et encore fut-il obligé
de l'exposer à une perte certaine, en la fractionnant en convois
de Toulon, Gênes, Ajaccio et Civita-Vecchia. Le temps qu'il
perdit à rallier ces différentes divisions le mit à deux doigts
de sa perte; car au vent de l'île de Crête, il ne dut son salut et
celui de ses cinq cents voiles qu'à un brouillard providentiel
qui le déroba à la flotte anglaise, courant vent arrière à sa
recherche, à vingt-deux lieues de lui.

On se méprendrait en pensant que la rapidité apportée par
les chemins de fer, dans les transports militaires, ait contribué pour une large part aux derniers triomphes de l'armée
d'Italie. L'avantage que pouvait procurer ce moyen de loco-
motion est tombé à néant devant les lenteurs forcées des mises
à bord de Toulon; car les soixante-quinze mille hommes vain-
queurs des Autrichiens aux champs de Magenta et Solférino
ne purent être débarqués que successivement et en dix-sept
jours en rivière de Gênes, en pleine mer du ponant sur la côte
la plus facile et la plus abordable de l'Europe. Il est bon de

remarquer, en outre, que la mer était libre : mais si un ennemi hardi et entreprenant eût voulu la disputer, les départs ne pouvant plus être divisionnaires et la réunion étant trop forte pour appareiller de Toulon (toutes voiles réunies), il eût fallu forcément modifier le plan de la campagne, qui par cela même eût pu tourner tout autrement.

En résumant ces faits, on peut conclure que non-seulement l'établissement de la voie nouvelle présenterait au commerce et à l'industrie de sérieux avantages, mais qu'on lui devrai dans les opérations militaires une économie considérable d'hommes et d'argent. Écartant la question d'argent, dont l'importance, relativement parlant, n'est ici que secondaire, reste l'économie du sang. Celle-ci est bien autrement grave, car elle profiterait tout entière à la flotte et à l'armée, c'est-à-dire aux marins et aux soldats du pays, nos frères à tous. Or, la France tient d'autant plus à les conserver, que dans tous les temps elle les a toujours revendiqués avec raison comme ses plus nobles, les plus magnanimes et les plus généreux de ses enfants.

Le but de cette modeste brochure sera atteint, si elle a pu fixer l'attention des hommes à haute portée (aujourd'hui si nombreux en France) sur la possibilité, et bientôt l'urgence, qu'il y aurait pour le pays à créer le Port National et le Canal Européen. Pour l'accomplissement d'une œuvre aussi française, on pourrait en appeler au patriotisme de la nation entière qui, en cette circonstance, ne ferait pas défaut, et compter sur le bon vouloir du Gouvernement de la République, pour l'achèvement d'une entreprise qui serait une des gloires de son règne, en lui permettant de graver son nom, pour les siècles, dans le sol même de notre France.

Aux Barres, près Châtellerault (Vienne), le 15 septembre 1863.

FIN.

LA

TARIFICATION ALLEMANDE

ET SES ANOMALIES

———❖◇❖———

FÉCAMP

IMPRIMERIE G. NICOLE

—

1882

www.ingramcontent.com/pod-product-compliance
Lightning Source LLC
Chambersburg PA
CBHW060457200326
41520CB00017B/4813